英国数学真简单团队/编著　华云鹏 董雪/译

DK儿童数学分级阅读 第六辑

代数与进阶挑战

数学真简单！

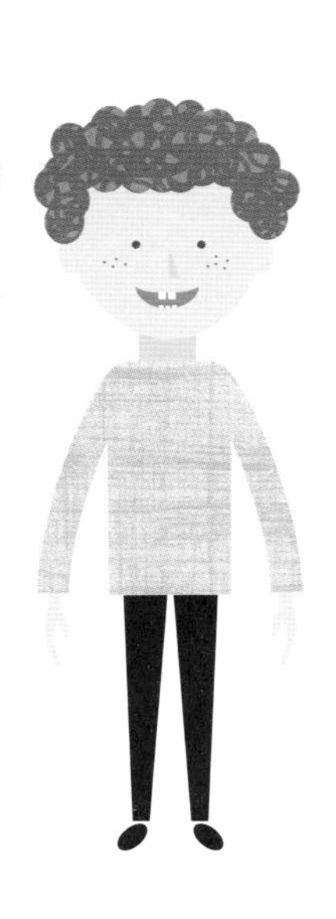

電子工業出版社
Publishing House of Electronics Industry
北京 · BEIJING

版权贸易合同登记号　图字：01-2024-1978

图书在版编目（CIP）数据

DK儿童数学分级阅读. 第六辑. 代数与进阶挑战 / 英国数学真简单团队编著；华云鹏，董雪译. --北京：电子工业出版社，2024.5
ISBN 978-7-121-47660-0

Ⅰ. ①D… Ⅱ. ①英… ②华… ③董… Ⅲ. ①数学－儿童读物 Ⅳ. ①O1-49

中国国家版本馆CIP数据核字（2024）第070448号

出版社感谢以下作者和顾问：Andy Psarianos, Judy Hornigold, Adam Gifford和Anne Hermanson博士。
已获Colophon Foundry的许可使用Castledown字体。

责任编辑：苏　琪
印　　刷：鸿博昊天科技有限公司
装　　订：鸿博昊天科技有限公司
出版发行：电子工业出版社
　　　　　北京市海淀区万寿路173信箱　　邮编：100036
开　　本：889×1194　1/16　印张：18　　字数：303千字
版　　次：2024年5月第1版
印　　次：2024年11月第2次印刷
定　　价：128.00元（全6册）

凡所购买电子工业出版社图书有缺损问题，请向购买书店调换。若书店售缺，请与本社发行部联系，联系及邮购电话：（010）88254888，88258888。
质量投诉请发邮件至zlts@phei.com.cn，盗版侵权举报请发邮件至dbqq@phei.com.cn。
本书咨询联系方式：（010）88254161转1868，suq@phei.com.cn。

www.dk.com

目录

描述规律

第 1 课

准 备

查尔斯用三角形拼了一些图案。

我们怎么描述这些图案的规律？

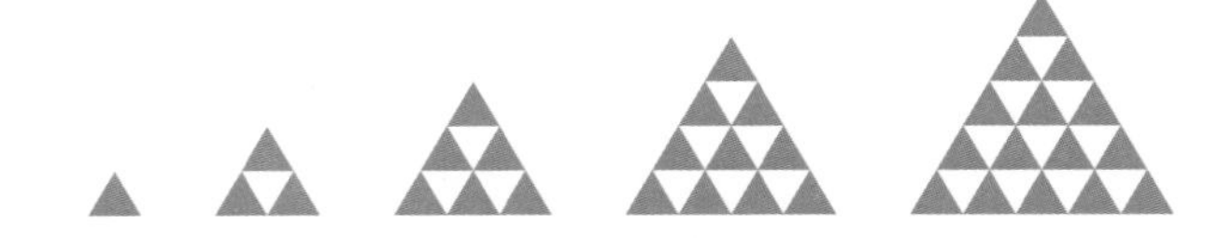

举 例

图案序号	图案行数	底层三角形数量
1	1	1
2	2	2
3	3	3
4	4	4
5	5	5
n	n	n

我们可以用字母 n 表示任意的数。

所以，如果 $n = 100$，表示第100个图案有100行，并且底层有100个三角形。

汉娜拼了这些图案。

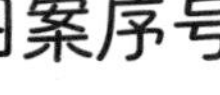

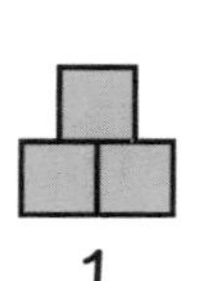

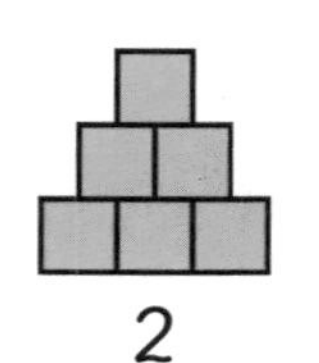

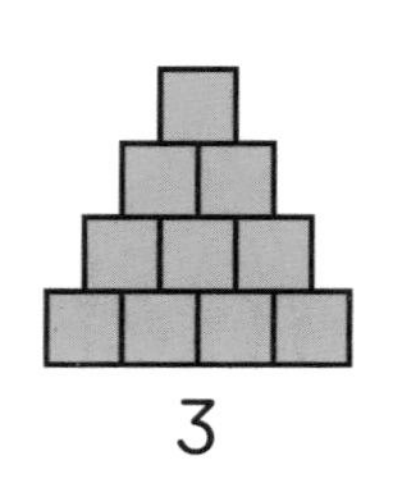

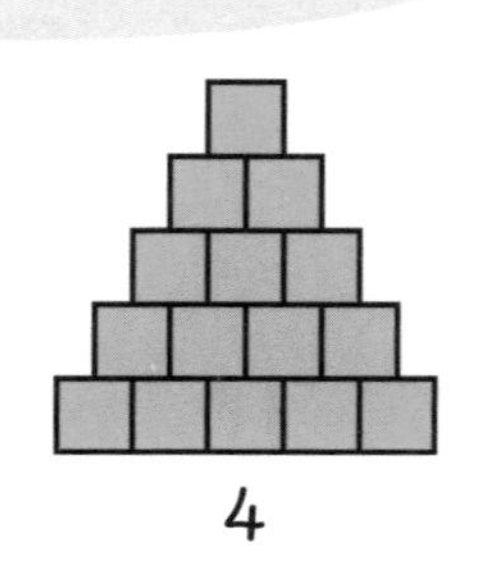

图案序号：1　2　3　4

图案序号	图案行数	底层正方形数量
1	2	2
2	3	3
3	4	4
4	5	5
b	$b+1$	$b+1$

我们看到，行数总是比序号大1。

我们还可以看到，底层正方形的数量比图案序号大1。

所以，如果图案序号是100或$b=100$，那么该图案有101行或$b+1$行，并且底层有101个或$b+1$个正方形。

练习

观察下面的图案，完成表格。

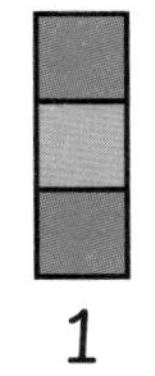

1

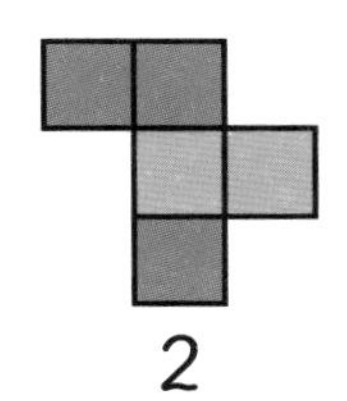

2

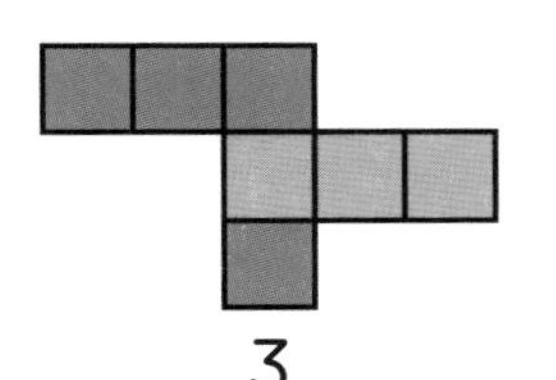

3

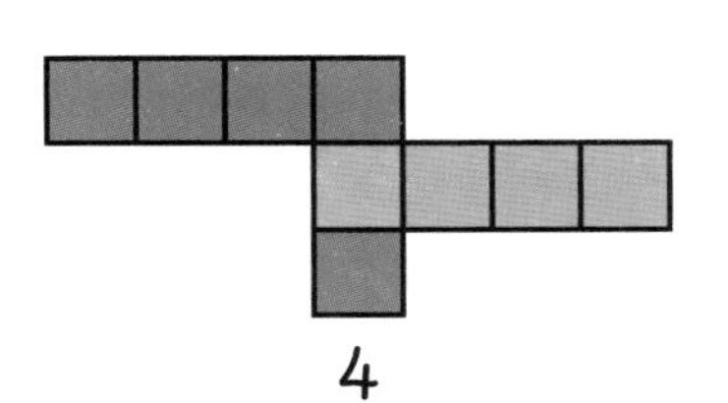

4

图案序号	粉色正方形数量	绿色正方形数量
1		
2		
3		
4		
5		
10		
a		

代数式（一）

第 2 课

准 备

鲁比和萨姆在做数字游戏。

萨姆说出一个数时，鲁比根据规则回答一个数。

鲁比遵循的规则是什么？

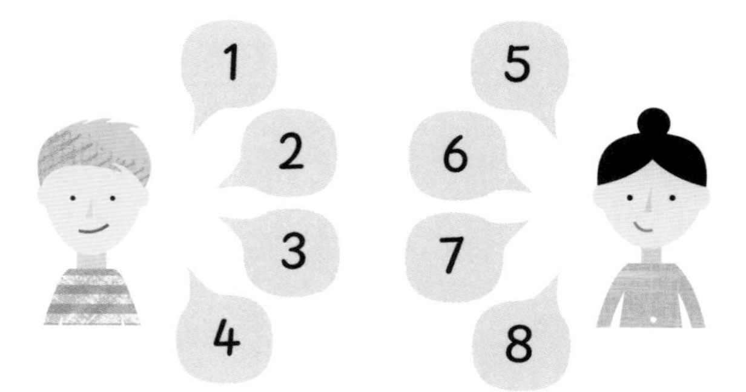

举 例

我们把萨姆的数叫作输入值。

鲁比的数叫作输出值。

输入	1	2	3	4
输出	5	6	7	8

输出值总是比输入值大4。

我们可以用代数表达式$a+4$描述鲁比的规则。

可以用字母a表示任意的数。

代入值 $a=10$

$$a+4=10+4$$
$$=14$$

输入值a等于10时，输出值等于14。

我们可以将不同的值代入输入值。

$a = 50$

$a + 4 = 50 + 4$

$= 54$

$a = 100$

$a + 4 = 100 + 4$

$= 104$

$a = 500$

$a + 4 = 500 + 4$

$= 504$

拉维加入了游戏，并且使用不同的规则。

输入	2	4	6	8
输出	4	8	12	16

每个输入值在原来的基础上乘2。

代数式是$2b$。

练习

1 用代数式$s + 5$为规则，填一填表格。

输入	7	9	13	35	81
输出	12				

2 用代数式$3c$为规则，填一填表格。

输入	3	5	10	12	300
输出	9				

3 写出描述各规则的代数式。
第一个已经给出示例。

	输入		输出	输入		输出	输入		输出
(1)	2	→	7	10	→	15	m	→	$m + 5$
(2)	4	→	12	6	→	18	w	→	
(3)	9	→	18	12	→	21	s	→	

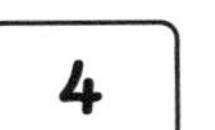

代数式（二）

第3课

准备

艾略特和奥克用不同的规则填写表格。

输入	4	5	9
输出	12	15	27

输入	6	12	18
输出	3	6	9

艾略特用代数式$3n$描述他的规则。

奥克用代数式$\frac{x}{2}$描述她的规则。

怎样用这些代数式求值呢？

举例

$3n = 3 \times n$

字母n是变量，代表任意数。

这样写代数式，表示3乘以n。

所以，如果$n = 4$，我们可以将这个数值代入方程式。

$$3n = 3 \times n$$
$$= 3 \times 4$$
$$= 12$$

$$\frac{x}{2} = x \div 2$$

如果$x = 6$，我们可以将这个数值代入方程式。

$$\frac{x}{2} = x \div 2$$
$$= 6 \div 2$$
$$= 3$$

代数表达式求值，就是求出表达式的数值。

当$n=5$时，求$3n$的值。

$$
\begin{aligned}
3n &= 3 \times n \\
&= 3 \times 5 \\
&= 15
\end{aligned}
$$

当$x=12$时，求$\frac{x}{2}$的值。

$$
\begin{aligned}
\frac{x}{2} &= x \div 2 \\
&= 12 \div 2 \\
&= 6
\end{aligned}
$$

练 习

1 写出用a表示的代数式，描述输入值到输出值变化的规则。

	输入	输出	输入	输出	输入	输出
(1)	10 →	5	16 →	8	a →	
(2)	5 →	20	7 →	28	a →	

2 霍莉用牙签摆出了下面的图案。

1　　2　　3

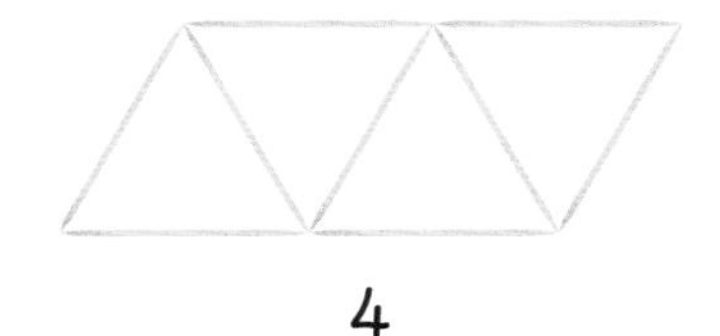

4

当n分别代入下列数值时，求$2n+1$的值。完成表格。

图案序号	牙签数量
n	$2n+1$
1	$2 \times 1 + 1 = 3$
2	$2 \times 2 + 1 =$
5	

代数式的应用

第4课

准备

咖啡厅为每位顾客提供套餐升级服务，主餐可升级为套餐，包括饮料、配菜和甜点各一份。

咖啡厅用公式$C=1+2m$计算套餐的价格。

如果拉维点了炸鱼薯条的主餐，升级至套餐需要支付多少钱？

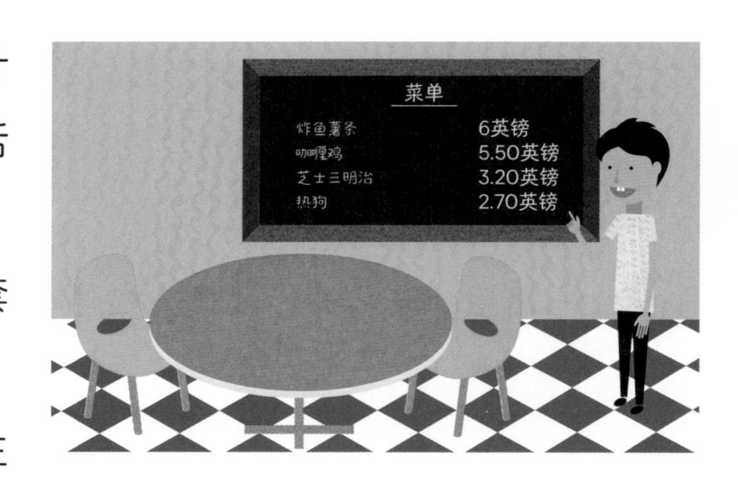

举例

炸鱼薯条的价格是6英镑。所以$m=6$。

$$
\begin{aligned}
C &= 1+2m \\
&= 1+2\times 6 \\
&= 1+12 \\
&= 13
\end{aligned}
$$

当$m=6$时，$C=13$。

拉维的套餐是13英镑。

咖喱鸡作为主餐，算一算升级至套餐的价格。

$$
\begin{aligned}
C &= 1 + 2m \\
&= 1 + 2 \times 5.50 \\
&= 1 + 11 \\
&= 12
\end{aligned}
$$

咖喱鸡作为主餐的套餐价格是12英镑。

练 习

1 咖啡厅还有另一种套餐。顾客消费三份相同的主餐，总费用打六折。咖啡厅用公式$C = 3m - 0.40$计算价格。

(1) 算一算3份芝士三明治共需要支付多少钱？

$m = 3.20$

$C = 3m - 0.40$

$= 3 \times$ ☐ $- 0.40$

$=$ ☐ $- 0.40$

$=$ ☐

3份芝士三明治共需要支付 ☐ 英镑。

(2) 算一算3份热狗共需要支付多少钱？

$m =$ ☐

$C = 3m - 0.40$

3份热狗共需要支付 ☐ 英镑。

2 算一算公式$P = \frac{m}{4} + 2$中P的值。

(1) $m = 8$

$P =$ ☐

(2) $m = 11$

$P =$ ☐

方程与未知数

第5课

准备

关于a和b，我们知道哪些信息？

$a+b=7$

举例

$a+b=7$是方程。

a	b	$a+b=7$
1	6	$1+6=7$
2	5	$2+5=7$
3	4	$3+4=7$
4	3	$4+3=7$
5	2	$5+2=7$
6	1	$6+1=7$

等号告诉我们，$a+b$的值等于7。

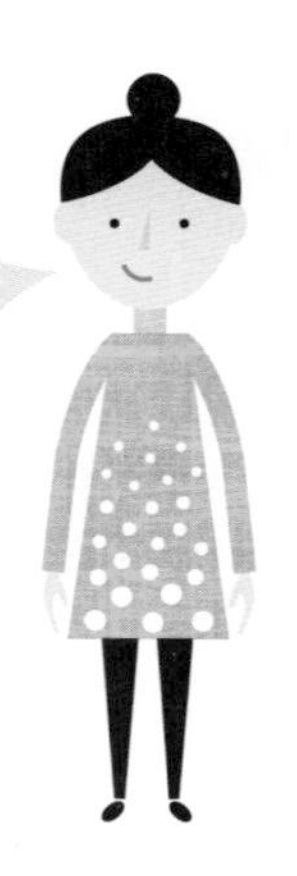

我们可以用不同的字母表示不同的数。

所以，如果$a=1$，那么$b=6$。

雅各布画了下面的条形模型。

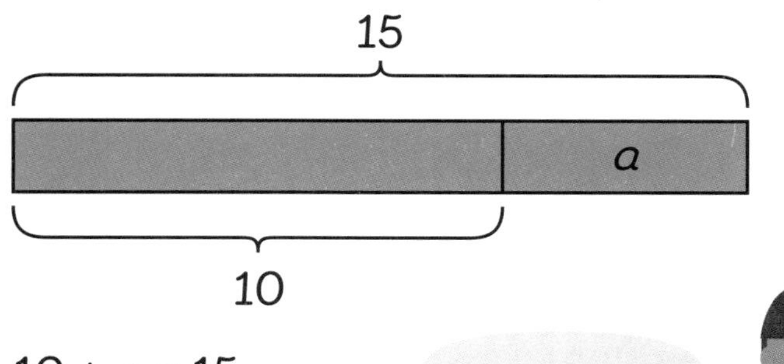

$10 + a = 15$

$a = 5$

汉娜画了下面的条形模型。

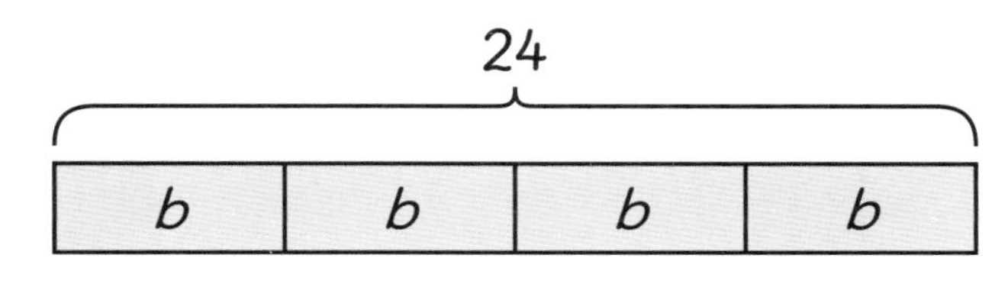

$4b = 24$

$b = 6$

练 习

1 下面方程中y 的值是多少？

(1)

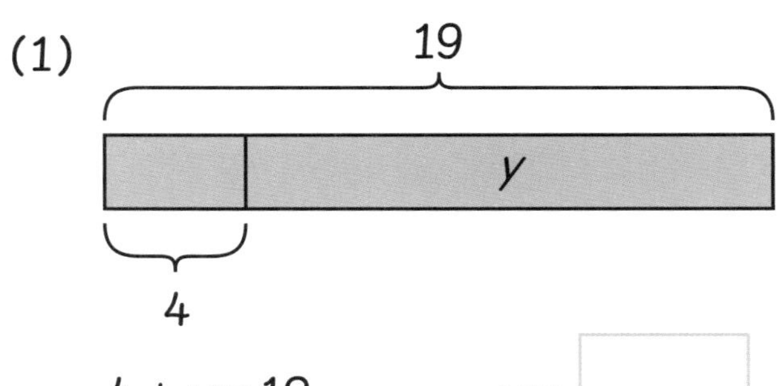

$4 + y = 19$　　$y =$ ☐

(2)

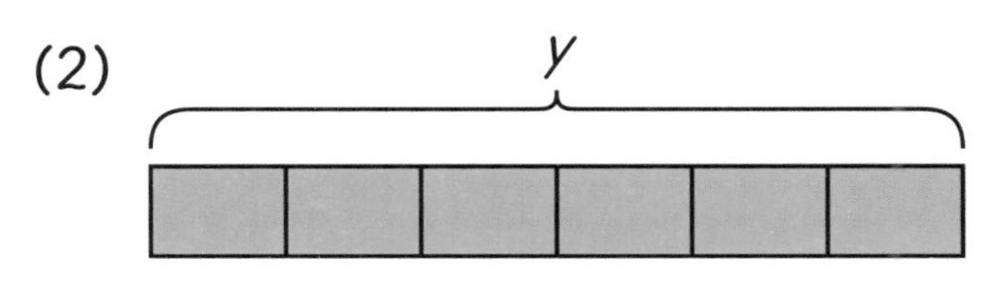

$\frac{y}{6} = 3$　　$y =$ ☐

2 算一算下面方程中s 的值。

(1) $13 + s = 27$　　$s =$ ☐

(2) $45 - s = 36$　　$s =$ ☐

(3) $5s = 60$　　$s =$ ☐

(4) $2s + 10 = 26$　　$s =$ ☐

(5) $40 - 5s = 15$　　$s =$ ☐

用代数描述位置

第6课

准备

正方形A和正方形B的部分顶点已经表示出来。

我觉得正方形A顶点 (x, y) 的对角顶点可以用 $(x+3, y+3)$ 表示。

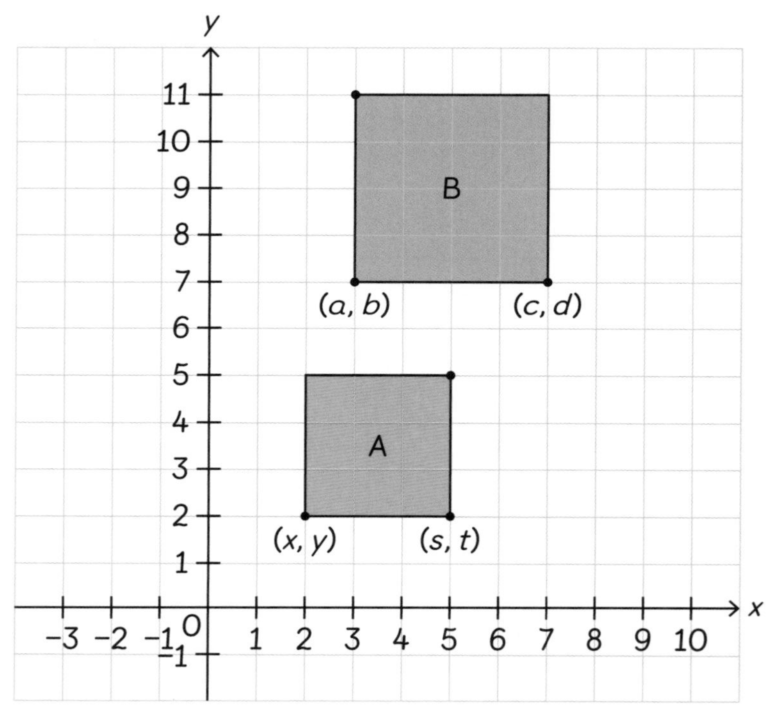

查尔斯说得对吗？

(c, d) 的对角顶点该怎么表示呢？

举例

先找出正方形A和正方形B所有顶点的坐标。

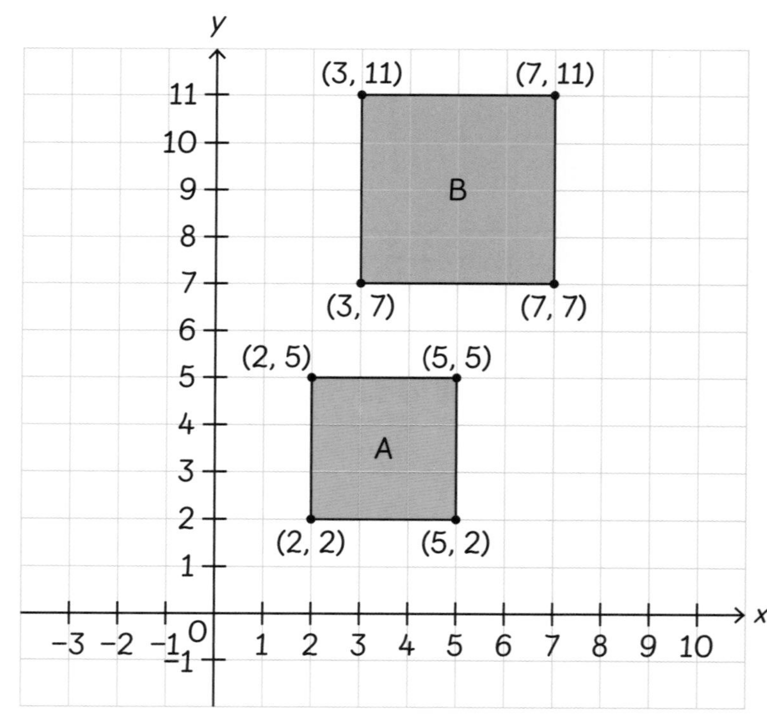

我们可以用代数表示坐标。

如果第一个顶点的坐标用（x, y）表示，该顶点的对角顶点也可以用x和y表示坐标。

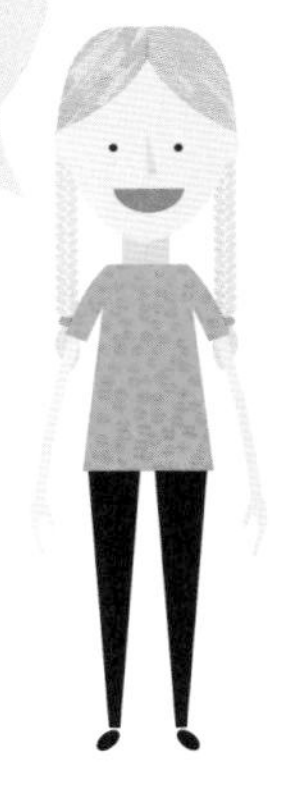

正方形A的对角顶点坐标	
(2, 2) 和 (5, 5)	(5, 2) 和 (2, 5)
(x, y) 和 $(x+3, y+3)$	(s, t) 和 $(s-3, t+3)$

x坐标（横坐标）表示点在x轴上的投影到原点（0，0）的距离。

y坐标（纵坐标）表示点在y轴上的投影到原点（0，0）的距离。

（x, y）的对角顶点比（x, y）横坐标大3，纵坐标也大3。

查尔斯说得对。

(c, d) 的对角顶点该怎么表示呢？

正方形B的对角顶点坐标	
(3, 7) 和 (7, 11)	(7, 7) 和 (3, 11)
(a, b) 和 $(a+4, b+4)$	(c, d) 和 $(c-4, d+4)$

（c, d）的对角顶点比（c, d）横坐标小4，纵坐标大4。

练 习

1 填一填表格。

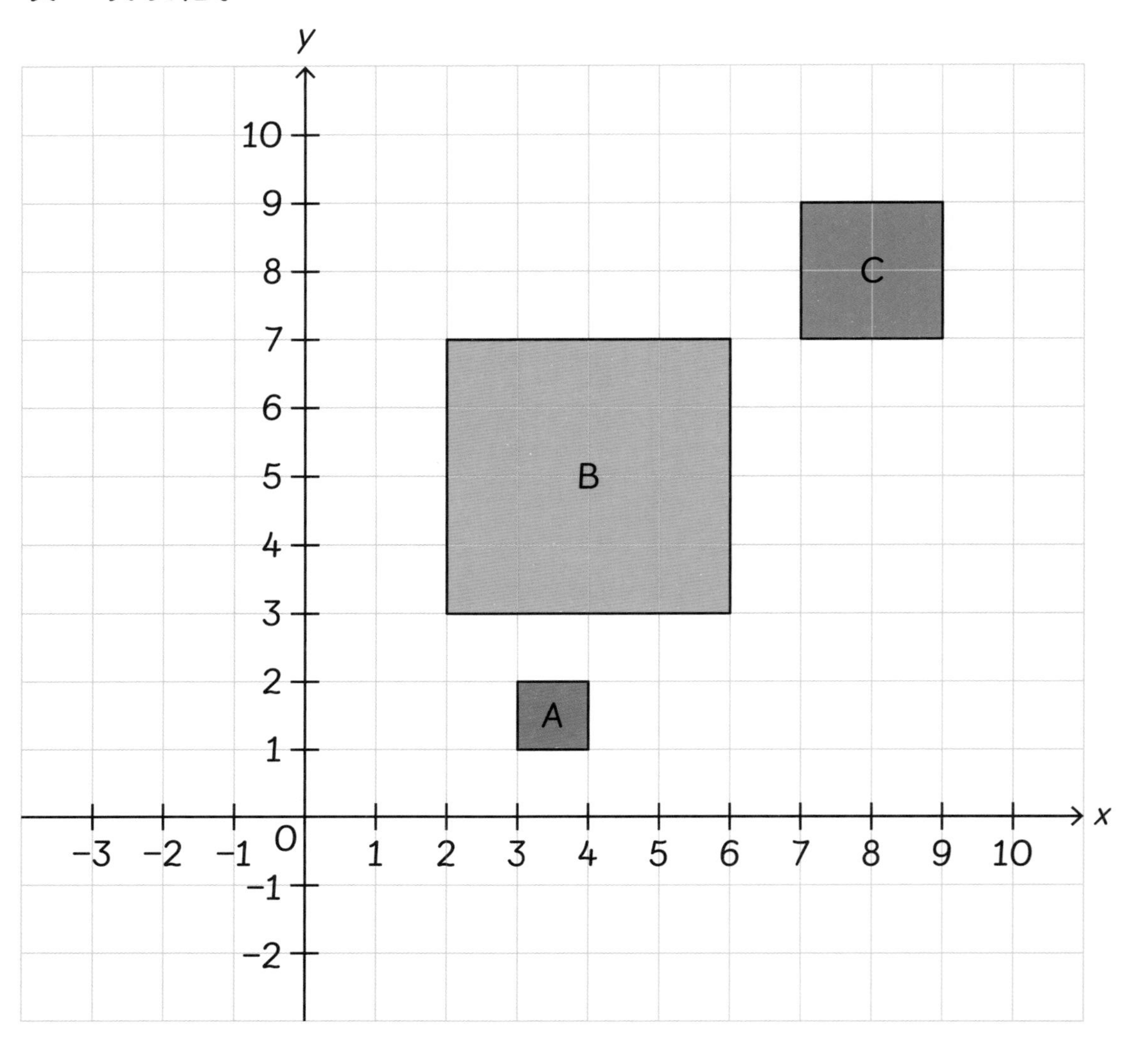

正方形	对角顶点坐标	
A	(3, 1) 和 (,)	(4, 1) 和 (,)
B	(2, 3) 和 (,)	(6, 3) 和 (,)
C	(7, 7) 和 (,)	(9, 7) 和 (,)

2 (1) 顶点J的坐标是 (x, y)。
找一找顶点K、L和M的坐标。

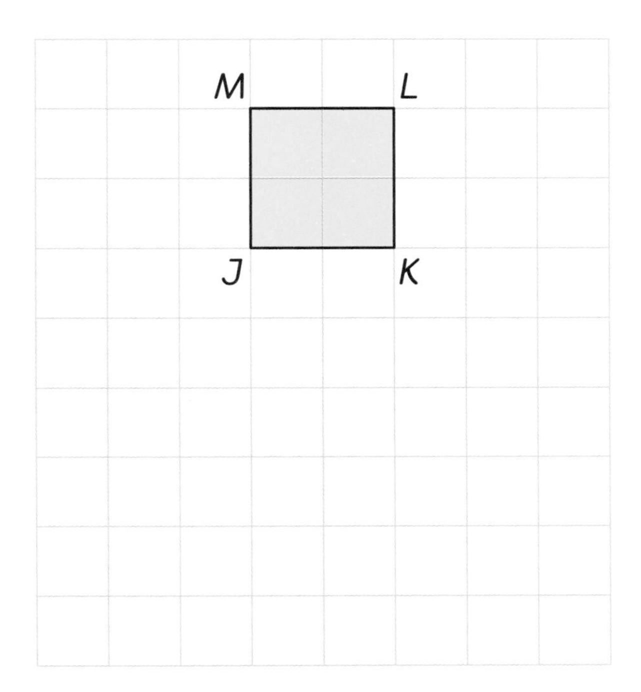

$K = (x + 2, y)$

$L =$ ______

$M =$ ______

(2) 顶点A的坐标是 (x, y)。
找一找顶点B、C和D的坐标。

$B = (x + 3, y)$

$C =$ ______

$D =$ ______

用代数描述运动

第 7 课

准备

平行四边形*ABCD*做了关于*x*轴对称的运动，阿米拉找到了新位置的坐标。

她发现了一个规律。

你觉得她发现了什么规律呢？

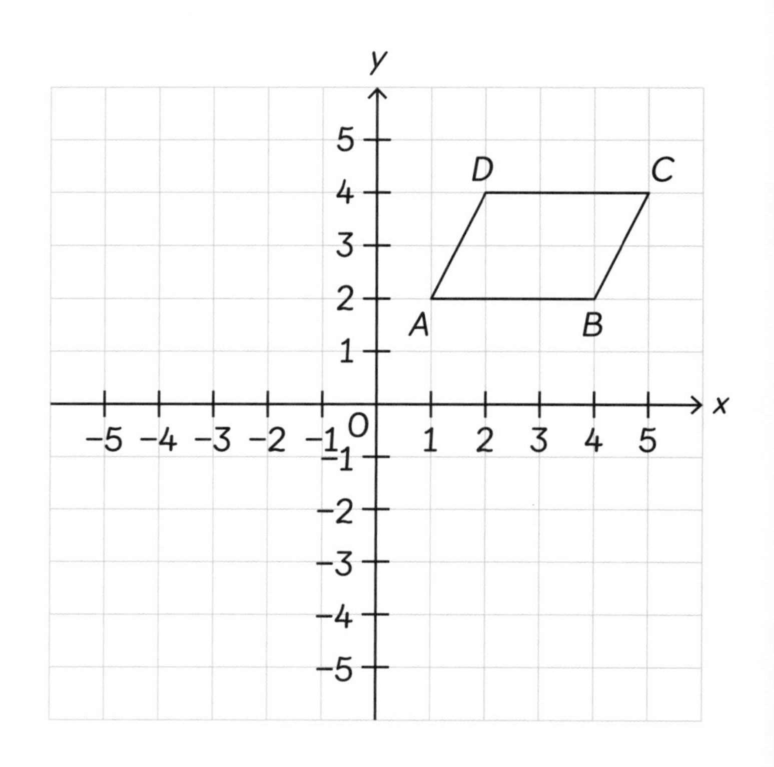

举例

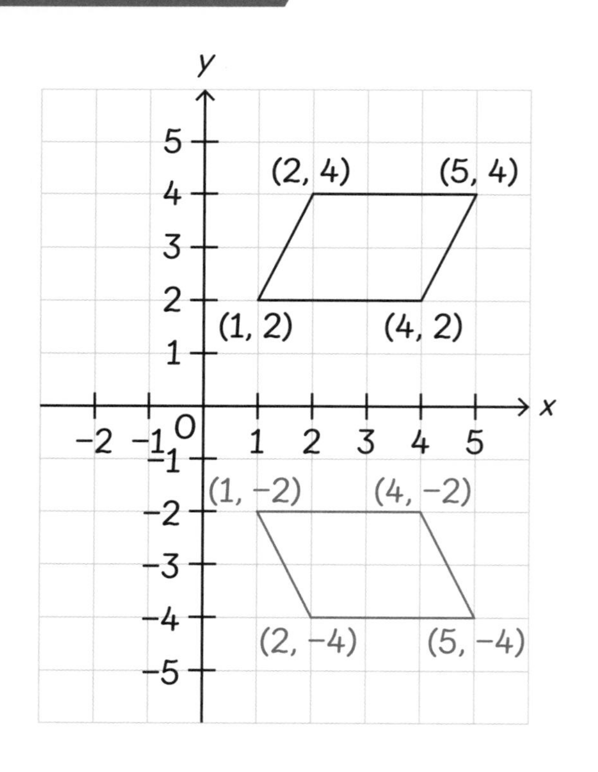

点	关于x轴对称之前的坐标	关于x轴对称之后的坐标
A	(1, 2)	(1, −2)
B	(4, 2)	(4, −2)
C	(5, 4)	(5, −4)
D	(2, 4)	(2, −4)
	(*x*, *y*)	(*x*, −*y*)

我们可以用代数描述轴对称运动。

练 习

1 平行四边形$QRST$做了关于x轴对称的运动。填一填坐标。

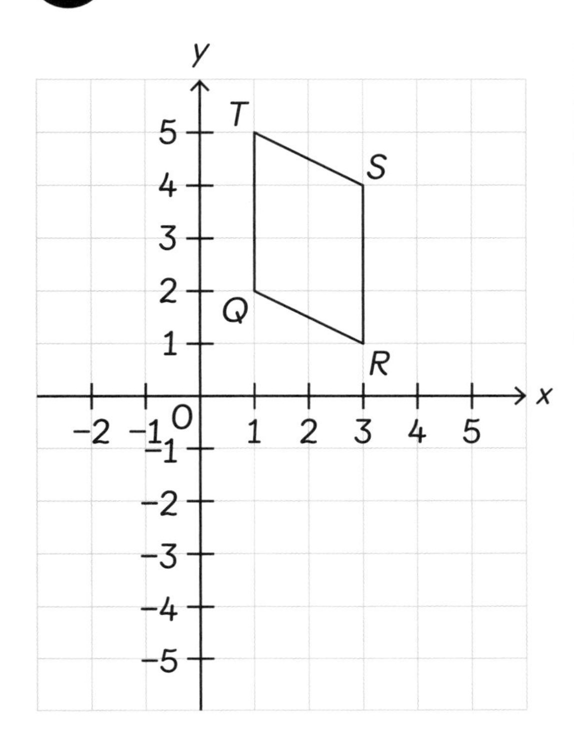

点	关于x轴对称之前的坐标	关于x轴对称之后的坐标
Q	(　　，　　)	(　　，　　)
R	(　　，　　)	(　　，　　)
S	(　　，　　)	(　　，　　)
T	(　　，　　)	(　　，　　)
	(x, y)	(　　，　　)

2 平行四边形$ABCD$先向右平移了2个单位，再向下平移了4个单位。填一填坐标。

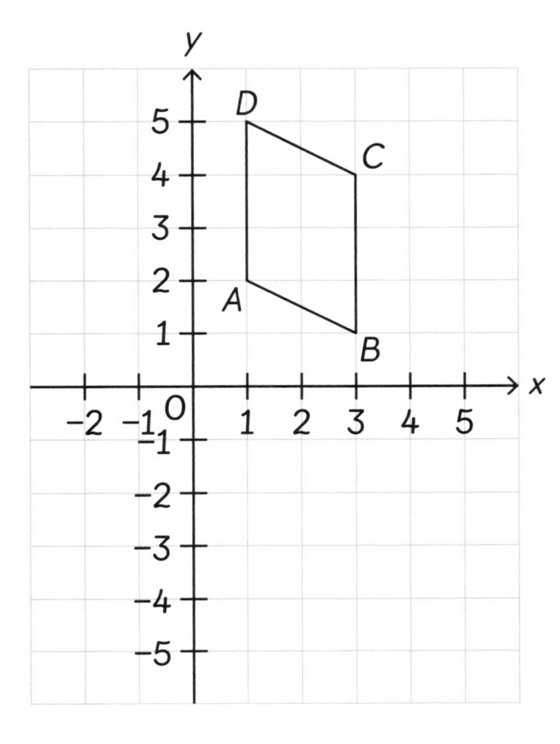

点	平移之前的坐标	平移之后的坐标
A	(　　，　　)	(　　，　　)
B	(　　，　　)	(　　，　　)
C	(　　，　　)	(　　，　　)
D	(　　，　　)	(　　，　　)
	(x, y)	(　　，　　)

质数

第8课

准备

雅各布有6张贴纸，他想贴在日记本里。

他注意到可以摆成不同的长方形。

他可以怎样摆放这些贴纸呢？

举例

雅各布可以将贴纸摆成1行，每行6张。

他也可以摆成2行，每行3张贴纸。

$1 \times 6 = 6$

$2 \times 3 = 6$

6的因数有1，2，3和6。

如果雅各布有7张贴纸呢？

$1 \times 7 = 7$

7的因数只有1和7。

我只能摆一种长方形。

质数只有1和它本身两个因数。

合数有2个以上的因数。6有4个因数，所以6是合数。

质数只能摆出一种长方形。

合数能摆出2种以上长方形。

练 习

1 算一算下面各数的因数，判断是质数还是合数。

填一填表格。

数	因数	质数或合数
10		
25		
31		
43		
54		
53		

2 用质数列出3个等式。

(1) □ + □ = 46　　(2) □ + □ = 46

(3) □ + □ = 46

四则运算

第9课

准备

萨姆在儿童游乐集市。
他有10英镑的纸币。
他最多能买几个球？
找零多少？

举例

萨姆只能5个一组或9个一组来买。

9  $1 \times 2.70 = 2.70$

18  $2 \times 2.70 = 5.40$

27  $3 \times 2.70 = 8.10$

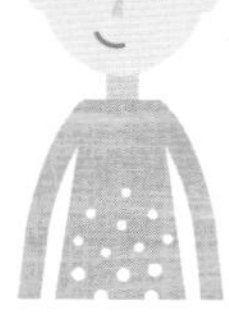

我知道1.85英镑接近2英镑。萨姆至少可以买5组5个的球。

25  $5 \times 1.85 = 9.25$

萨姆最多能买25个球吗？5个一组和9个一组的球一起买，是不是买得更多？

3组9个的球   $3 \times 2.70 = 8.10$

1组5个的球  $1 \times 1.85 = 1.85$

$8.10 + 1.85 = 9.95$

萨姆最多可以买32个球，支付9.95英镑。

$10.00 - 9.95 = 0.05$

找5便士[1]。

练 习

1 汉娜在纪念品商店为好朋友买礼物。

(1) 汉娜买九件商品，最多找零多少钱？

汉娜买九件商品，最多找零 ______ 英镑。

(2) 汉娜买九件商品，最少找零多少钱？

汉娜买九件商品，最少找零 ______ 英镑。

2 餐厅买了27袋马铃薯做蔬菜咖喱。
每袋马铃薯重1.2千克。餐厅做一份蔬菜咖喱需要用670克马铃薯。
餐厅做完29份蔬菜咖喱后，还剩多少千克马铃薯？

餐厅还剩 ______ 千克马铃薯。

注：英国官方货币的硬币叫“便士”，1英镑=100便士。0.05英镑即为5便士。

分数乘法

第10课

准备

奥克拿了剩余披萨的$\frac{1}{8}$。

奥克拿了整个披萨的几分之几？

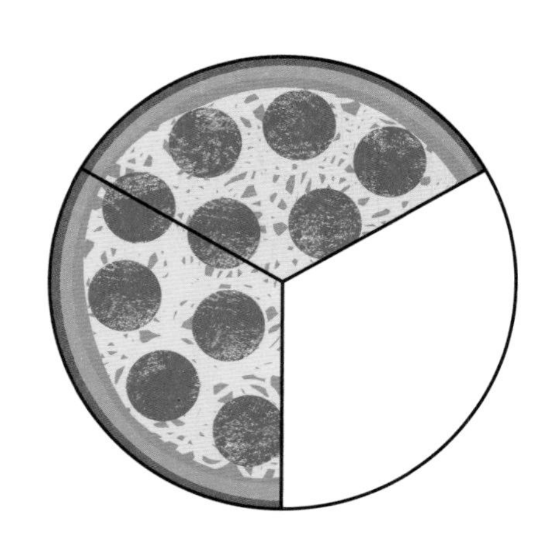

举例

奥克拿了$\frac{2}{3}$披萨的$\frac{1}{8}$。

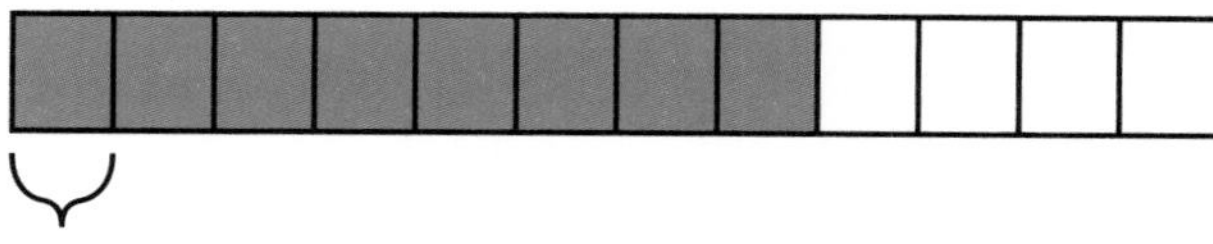

$\frac{1}{12}$

奥克拿走剩余披萨的$\frac{1}{8}$后，剩余披萨要平均分成8份。

$\frac{1}{8}\times\frac{2}{3}=\frac{1}{12}$

奥克拿了整个披萨的$\frac{1}{12}$。

我这样计算的。

$\frac{1}{\not{8}_4}\times\frac{\not{2}^1}{3}=\frac{1}{12}$

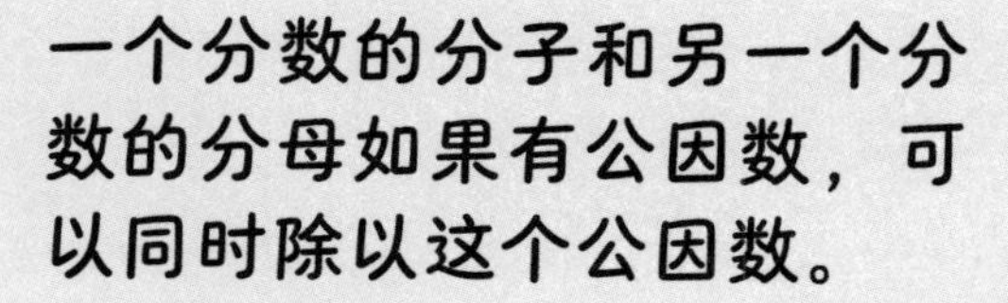

一个分数的分子和另一个分数的分母如果有公因数，可以同时除以这个公因数。

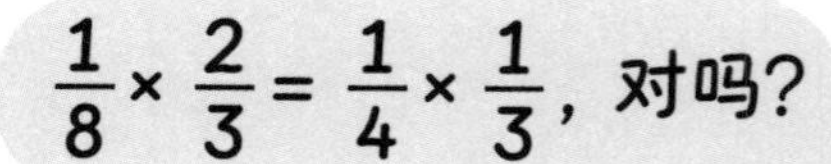

$\frac{1}{8}\times\frac{2}{3}=\frac{1}{4}\times\frac{1}{3}$，对吗？

$\frac{1}{8} \times \frac{2}{3} = \frac{1}{12}$

$\frac{1}{4} \times \frac{1}{3} = \frac{1}{12}$

$\frac{1}{8} \times \frac{2}{3} = \frac{1}{4} \times \frac{1}{3}$

练 习

解决实际问题，并用最简分数表示结果。

1 露露的妈妈把蛋糕平均切成10块。
露露用盘子给自己和艾略特装了3块。
艾略特又把盘子里的蛋糕切成小块，拿走了其中的$\frac{3}{5}$。
艾略特拿了整个蛋糕的几分之几？。

艾略特拿了整个蛋糕的 ☐ 。

2 一袋大米只装了$\frac{7}{9}$。艾玛拿了袋子里大米的$\frac{1}{2}$。
她用了拿走的大米的$\frac{6}{7}$做饭。
艾玛做饭用了整袋大米的几分之几?

艾玛做饭用了整袋大米的 ☐ 。

分数除法

第11课

准备

霍莉为好朋友做了5份奶昔。

她在每份奶昔里都加了相同份量的巧克力酱。

如果霍莉一共用了$\frac{2}{3}$升巧克力酱，每份奶昔用了几分之几升的巧克力酱？

举例

把每个$\frac{1}{3}$平均分成5份。

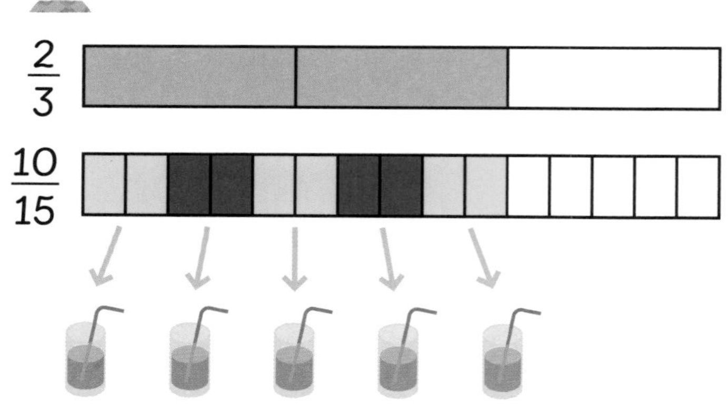

$$\frac{2}{3}\div 5=\frac{10}{15}\div 5$$
$$=\frac{2}{15}$$

我知道，$\frac{2}{3}$除以5就等于$\frac{1}{5}\times\frac{2}{3}$。

$$\frac{2}{3}\div 5=\frac{1}{5}\times\frac{2}{3}$$
$$=\frac{2}{15}$$

霍莉的每份奶昔用了$\frac{2}{15}$升巧克力酱。

练 习

解决实际问题，并用最简分数表示结果。

1 法蒂玛老师用相同长度的线把名牌绑在书包上。她用了八根线。

如果法蒂玛老师一共用了 $\frac{6}{7}$ 米线，每根线长多少米？

每根线长 ☐ 米。

2 厨艺课上，每个小朋友分到一块重量相同的黄油。

黄油的总重量是 $\frac{8}{9}$ 千克。

如果12个小朋友分到了黄油，每个小朋友分到多少千克黄油？

每个小朋友分到 ☐ 千克黄油。

3 鲁比在制作热带饮料。她用了 $\frac{1}{2}$ 升橙汁、$\frac{1}{4}$ 升菠萝汁和 $\frac{1}{6}$ 升芒果汁。她把热带饮料平均倒进三个杯子里。

鲁比在每个杯子中倒了几分之几升热带饮料？

鲁比在每个杯子中倒了 ☐ 升热带饮料。

小数乘法

准备

萨姆和4个好朋友去露营度假。他们每人都拿了一顶单人帐篷。每顶单人帐篷重1.87千克。

他们把帐篷装到一个大号袋子里，带到火车上。

如果这个空袋子重0.85千克，那么装了帐篷之后的袋子总共重多少千克？

举例

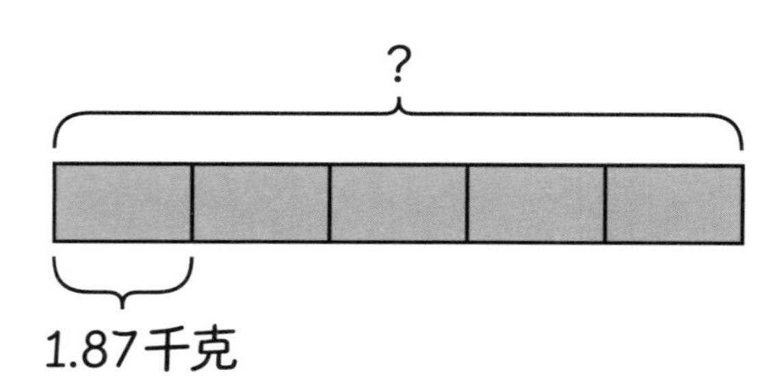

$1.87 \times 5 = ?$

$$\begin{array}{r} 1.87 \\ \times\quad 5 \\ \hline 0.35 \\ 4.0 \\ +\ 5 \\ \hline 9.35 \end{array}$$

→ $0.07 \times 5 = 0.35$

→ $0.8 \times 5 = 4.0$

→ $1 \times 5 = 5$

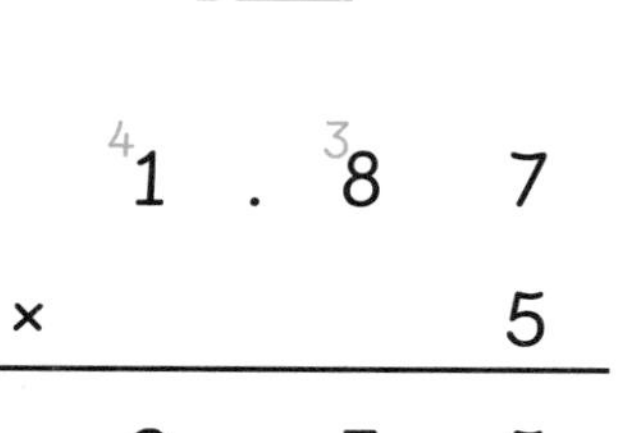

$1.87 \times 5 = 9.35$

把袋子的重量和帐篷总重量加在一起。

9.35 + 0.85 = ?

$$
\begin{array}{r}
\overset{1}{9}.\overset{1}{3}5 \\
+\ 0.85 \\
\hline
10.20 \\
\hline
\end{array}
$$

0.05 + 0.05 = 0.1

0.1 + 0.3 + 0.8 = 1.2

9.35 + 0.85 = 10.20
袋子和帐篷总共重10.2千克。

练 习

1 洗车行每用掉100升水，就会用掉2.78升汽车清洗液。
如果洗车行某天用了800升水，那用掉了多少升汽车清洗液？

洗车行用掉了 ☐ 升汽车清洗液。

2 工厂每做一条彩色地毯，就用掉8.79米红线。
每筒新的红线长100米。
如果工厂做彩色地毯时用了一个新的线筒，做完7条地毯后，还剩多少米红线？

做完7条地毯后，还剩 ☐ 米红线。

小数除法

准备

查尔斯和六个好朋友一起为奥克准备礼物，每人分担相同数目的钱。礼物共花了59.15英镑。

查尔斯和朋友们每人付了多少英镑？

举例

用59.15英镑除以7。

	8.45	
7)	59.15	
−	56	$7 \times 8 = 56$
	3.15	
−	2.8	$7 \times 0.4 = 2.8$
	0.35	
−	0.35	$7 \times 0.05 = 0.35$
	0	

5915 → 5600　280　35

59.15 → 56　2.8　0.35

$$5600 \div 7 = 800$$
$$280 \div 7 = 40$$
$$35 \div 7 = 5$$
$$5915 \div 7 = 845$$

$$56 \div 7 = 8$$
$$2.80 \div 7 = 0.4$$
$$0.35 \div 7 = 0.05$$
$$59.15 \div 7 = 8.45$$

我还可以用学过的7的乘法帮助计算。

我知道59.15是5 915的$\frac{1}{100}$。

查尔斯和朋友们每人付了8.45英镑。

练习

1 园丁师傅有一个容积是11.12升的有机肥料容器。他把全部肥料撒在4排玫瑰花丛。每排的肥料用量相同。
园丁师傅在每排用了多少升肥料？

园丁师傅在每排用了 ______ 升肥料。

2 汉娜的妈妈买了12麻袋鹅的卵石铺在车道上。她一共买了58.32千克鹅卵石。每袋鹅卵石的重量相同，每袋重多少千克？

每袋重多少 ______ 千克。

百分数

第14课

准备

拉维、霍莉和艾玛在比较滑板的价格。拉维的滑板是48英镑。霍莉的滑板比拉维的价格高25%。艾玛的价格比霍莉的价格低30%。

谁的滑板最便宜？

举例

我们可以先把拉维的价格看作100%

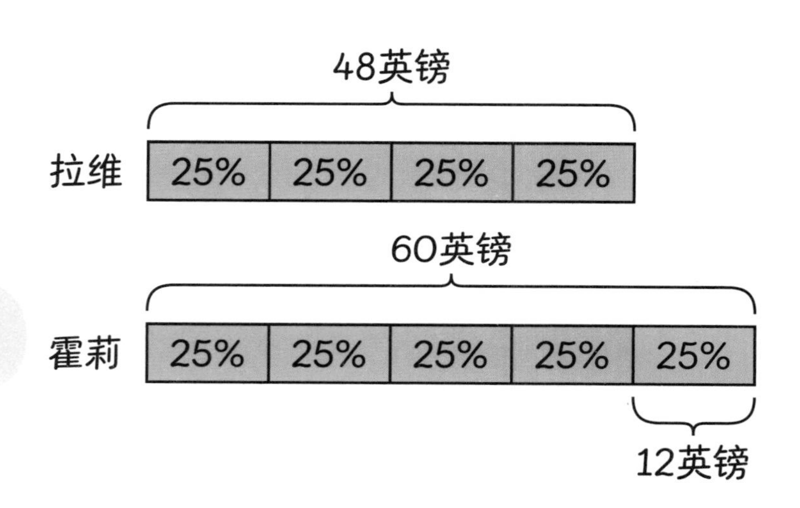

算一算48英镑加25%是多少。

48 ÷ 4 = 12

48 + 12 = 60

霍莉的滑板是60英镑。

我们需要比较霍莉和艾玛滑板的价格。

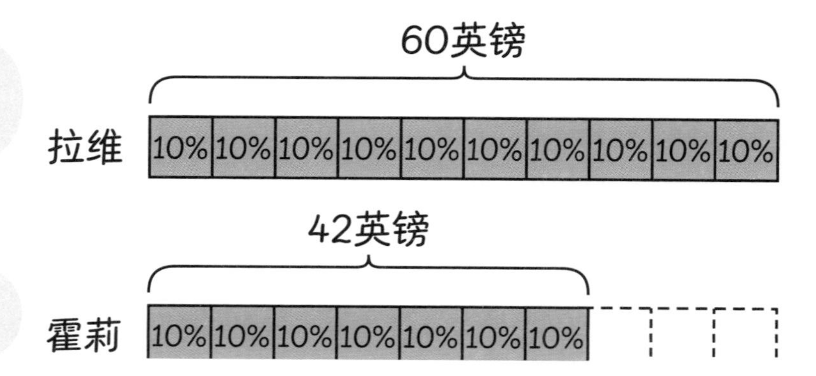

把霍莉的价格看作100%。

再算一算60英镑减30%还剩多少。

$60 \div 10 = 6$
$6 \times 3 = 18$
$60 - 18 = 42$

艾玛的滑板价格是42英镑。

艾玛的滑板最便宜。

练 习

1 雅各布在银行存了240英镑零用钱。他花了零用钱的25%买了一块新手表。买完手表后，他又花了剩余零用钱的30%买了一件夹克。
雅各布现在银行里还有多少钱？

雅各布现在银行里还有 ______ 英镑。

2 拉维和汉娜一共有90英镑。他们共同为查尔斯买礼物。拉维付了礼物价格的20%，汉娜付了礼物价格的50%。买完礼物后，他们一共还有63英镑。

拉维还剩多少英镑？ ______ 英镑。

汉娜还剩多少英镑？ ______ 英镑。

比

准 备

小说页数与漫画书页数之比为5 ：2，漫画书页数与绘本页数之比为2 ：1。

如果小说、漫画书和绘本的总页数是192页，三本书分别有多少页？

（小说）

（漫画书）

（绘本）

举 例

我们可以用条形模型表示这些数据。

192

求出1个单位的数值是多少。

8个单位 = 192

1个单位 = 192 ÷ 8

= 24

5 × 24 = 120

小说有120页。

2 × 24 = 48

漫画书有48页。

1 × 24 = 24

绘本有24页。

练 习

1 果园里苹果树的数量与梨树的数量之比是5∶3。樱桃树比梨树多17棵。如果果园里一共有248棵树，樱桃树有多少棵？

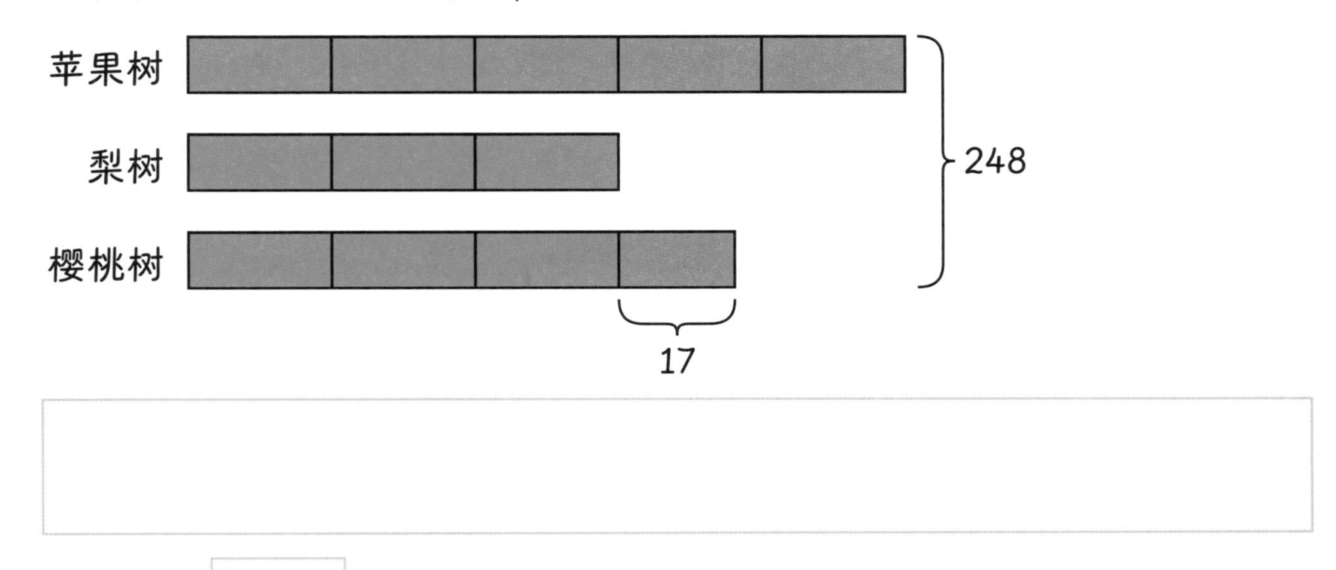

果园里有 ______ 棵樱桃树。

2 拉维的零用钱与艾玛的零用钱数量之比是8∶5。
两人的零用钱相差36英镑。
拉维有多少零用钱？

拉维有 ______ 英镑零用钱。

3 雅各布用蓝色、红色和金色颜料画了一个火车模型。蓝色颜料与红色颜料之比是7∶3。金色颜料比红色颜料少用25毫升。雅各布一共用了378毫升颜料。
每种颜色的颜料分别用了多少毫升？

蓝色颜料 ______ 毫升　红色颜料 ______ 毫升　金色颜料 ______ 毫升

面积

准备

露露的爸爸打算租一块菜园。他想租第5块菜园，得先知道这块菜园的面积是多少。

他该怎样计算第5块菜园的面积呢？

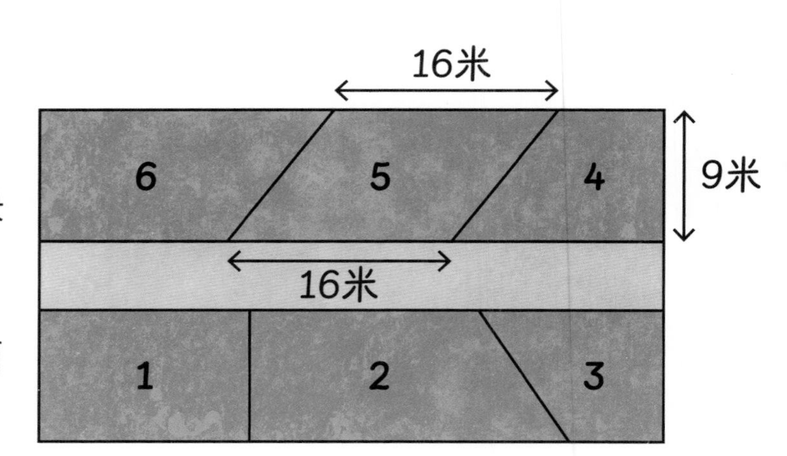

举例

平行四边形可以分成2个完全一样的三角形。

我们已经学了三角形的面积公式。

平行四边形的面积是该三角形面积的两倍。

9米

9米

16米

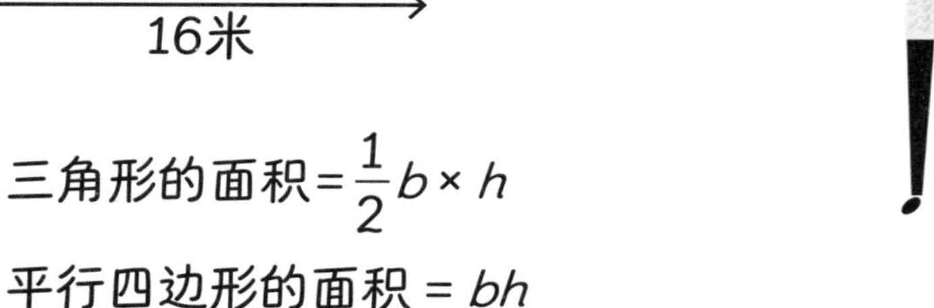

三角形的面积 $=\frac{1}{2}b\times h$

平行四边形的面积 $= bh$

$= 16 \times 9$

$= 144$ 平方米

$10 \times 16 = 160$
$9 \times 16 = 160 - 16$

第5块菜园的面积是144平方米。

练 习

1 数一数方格，算一算平行四边形的面积。

(1)

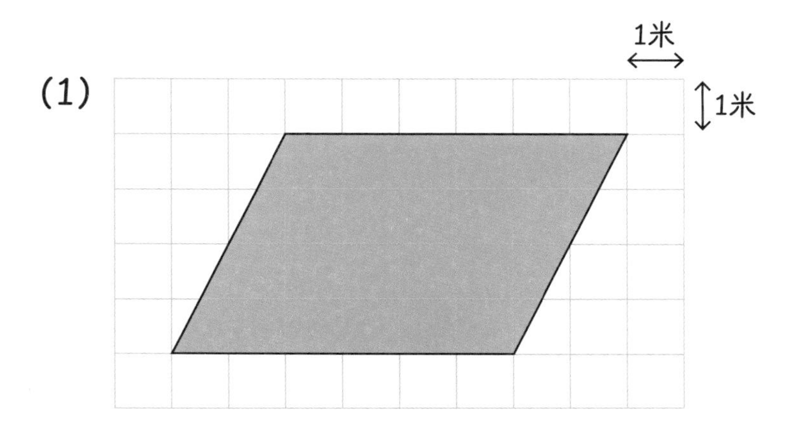

面积 = ☐ 平方米

(2)

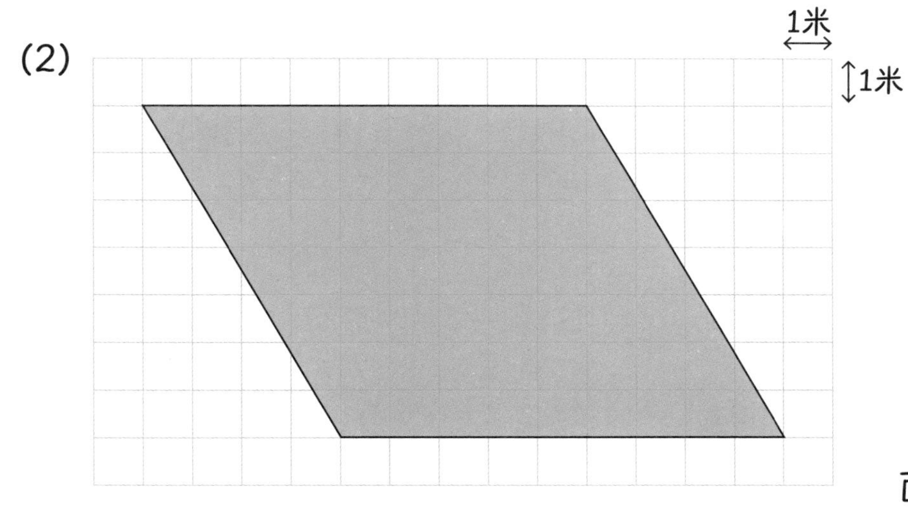

面积 = ☐ 平方米

2 用面积公式计算平行四边形的面积。

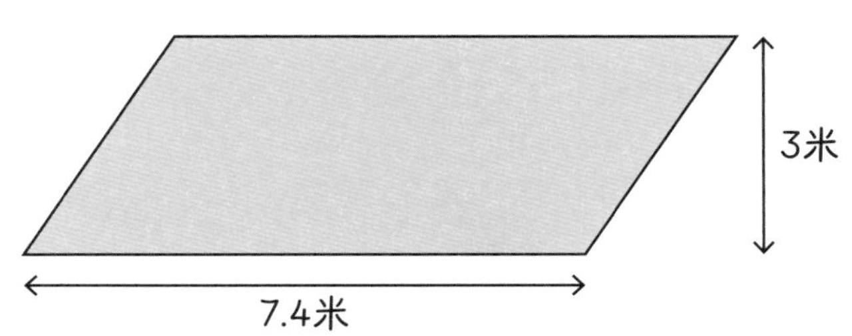

面积 = ☐ 平方米

角

第17课

准备

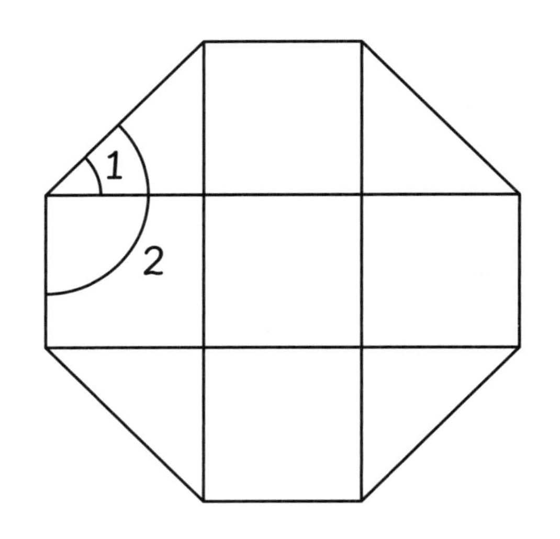

每个八边形包含5个相同的正方形。

我们能求出∠1和∠2分别是多少度吗？

举例

我们知道正方形的四条边相等。

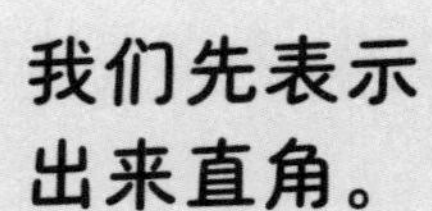

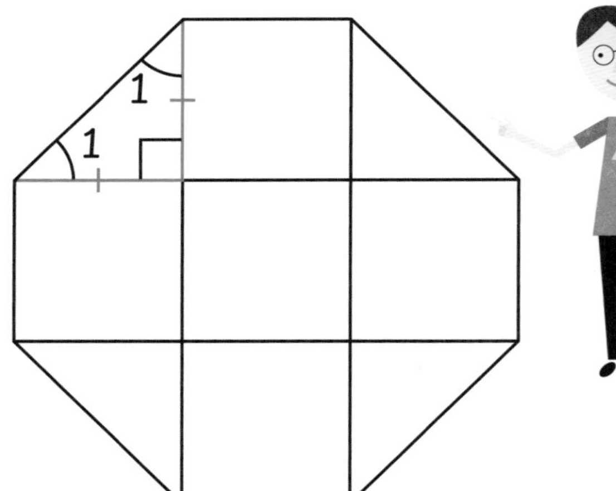

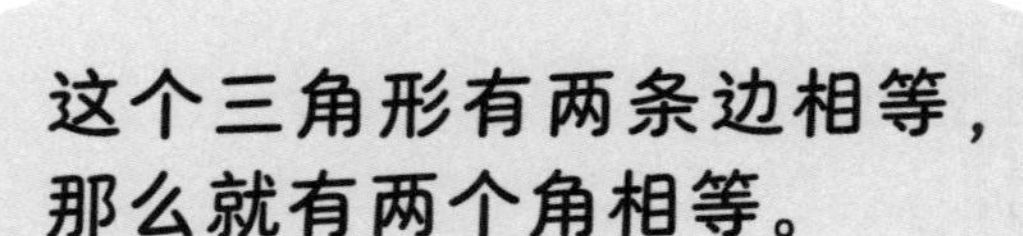

我们知道三角形内角和是180°。

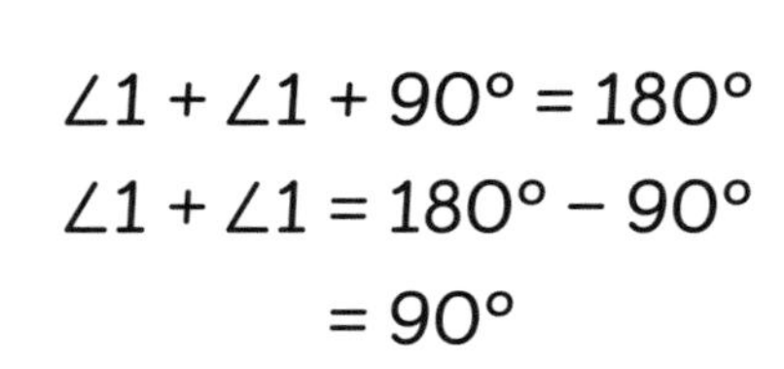

$\angle 1 + \angle 1 + 90° = 180°$

$\angle 1 + \angle 1 = 180° - 90°$

$= 90°$

$\angle 1 = \frac{90°}{2}$

$= 45°$

$\angle 1 = 45°$

我们现在可以求∠2等于多少度。

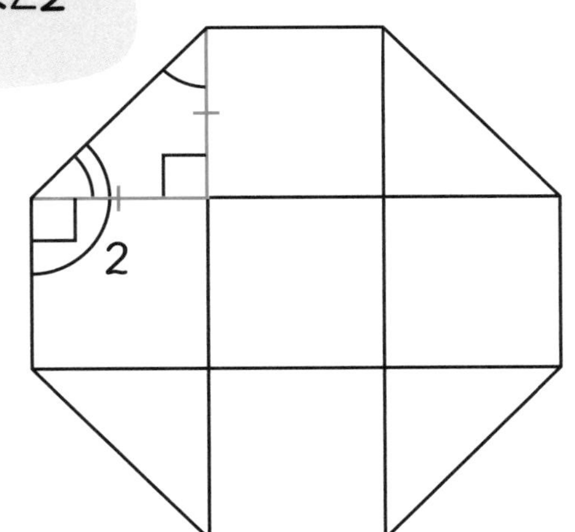

我们求得∠1 = 45°。

∠1 + 90° = ∠1
45° + 90° = 135°

∠2 = 135°

练习

算一算三角形中的每个角分别是多少度。

1

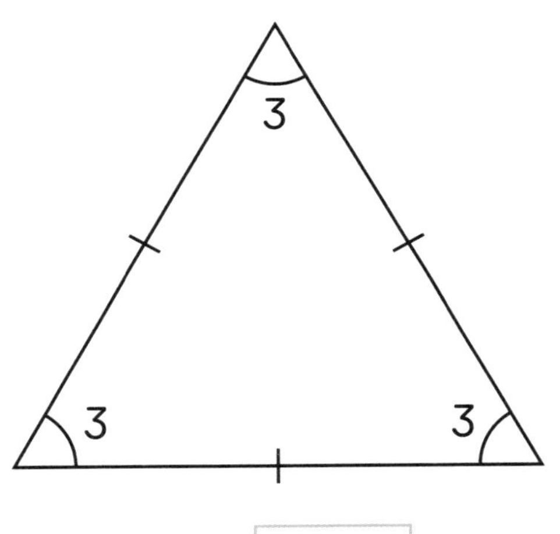

∠3 = ☐ °

2

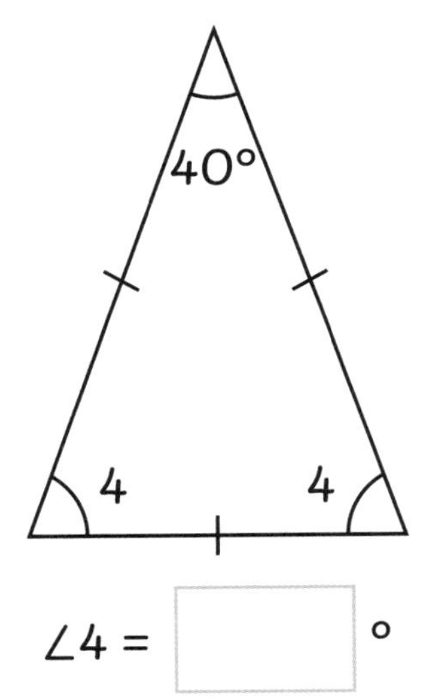

∠4 = ☐ °

3

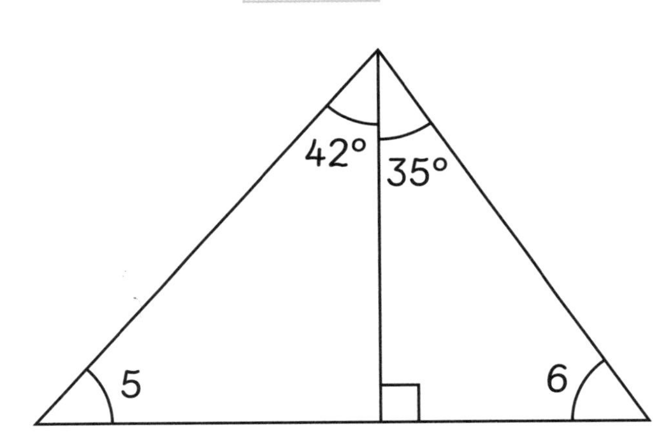

∠5 = ☐ °

∠6 = ☐ °

阅读图表

准备

雅各布和家人假期去国外旅游。雅各布回国后在背包里发现了三张车票。

这些车票分别是多少英镑?

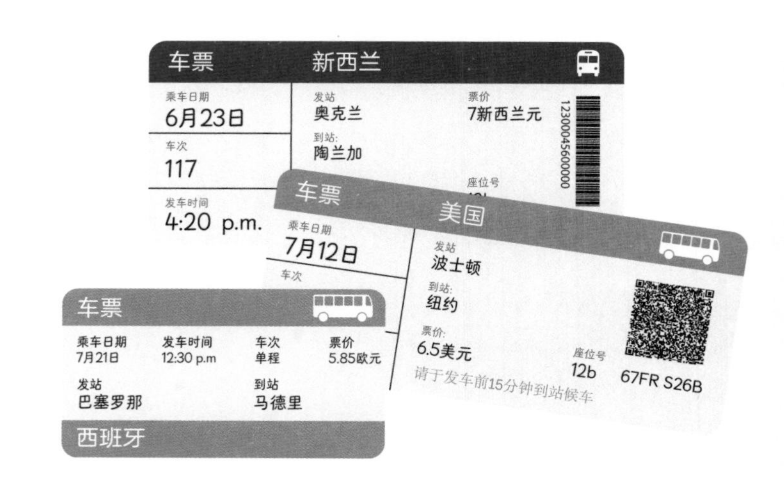

举例

我们可以用折线统计图换算货币。

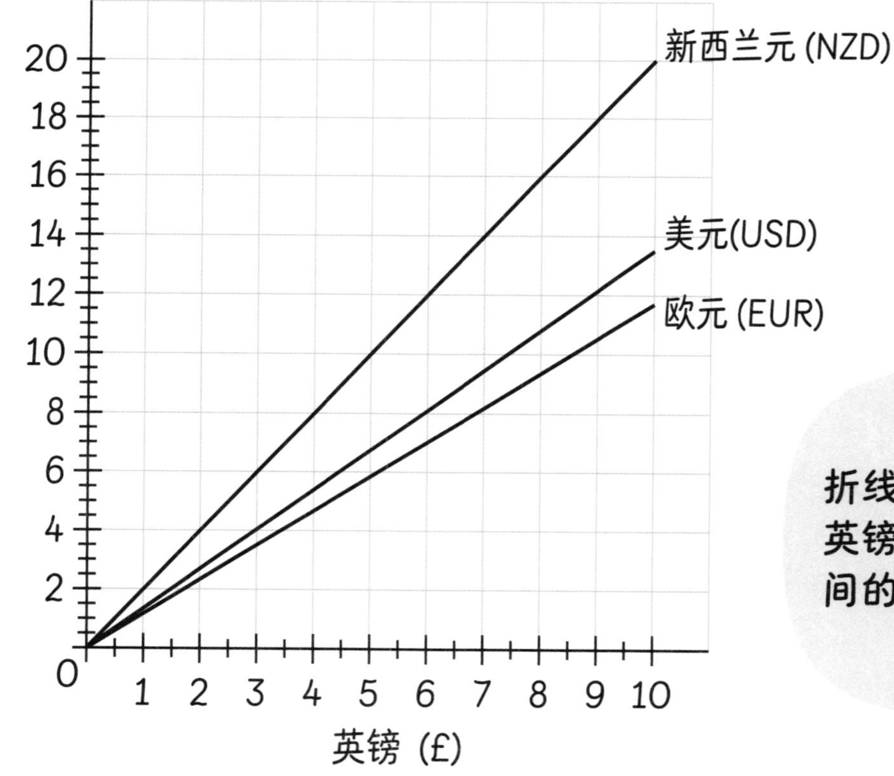

折线统计图显示了英镑与其他货币之间的兑换率。

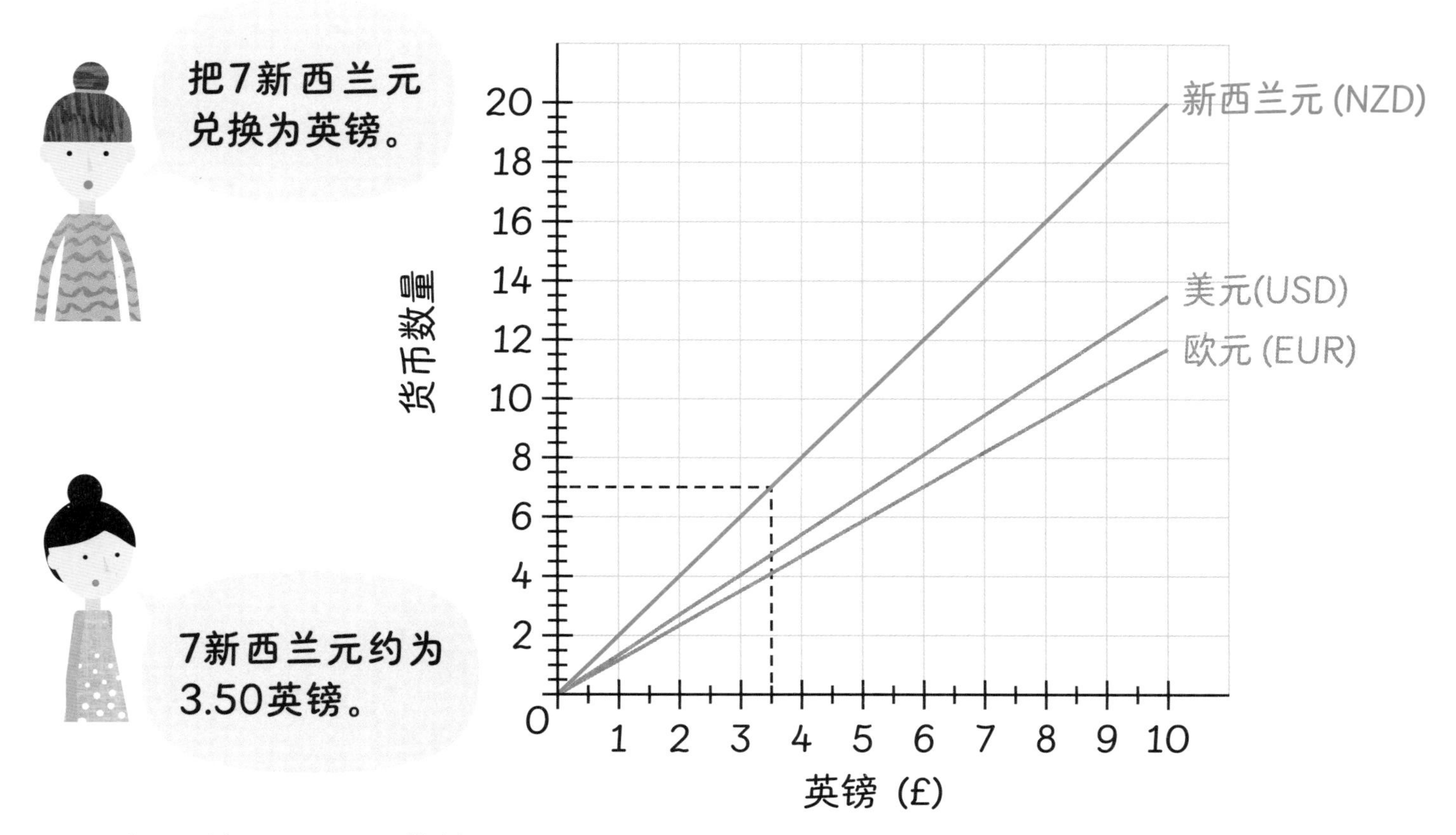

7.00新西兰元 ≈ 3.50英镑
新西兰的票价约为3.50英镑。

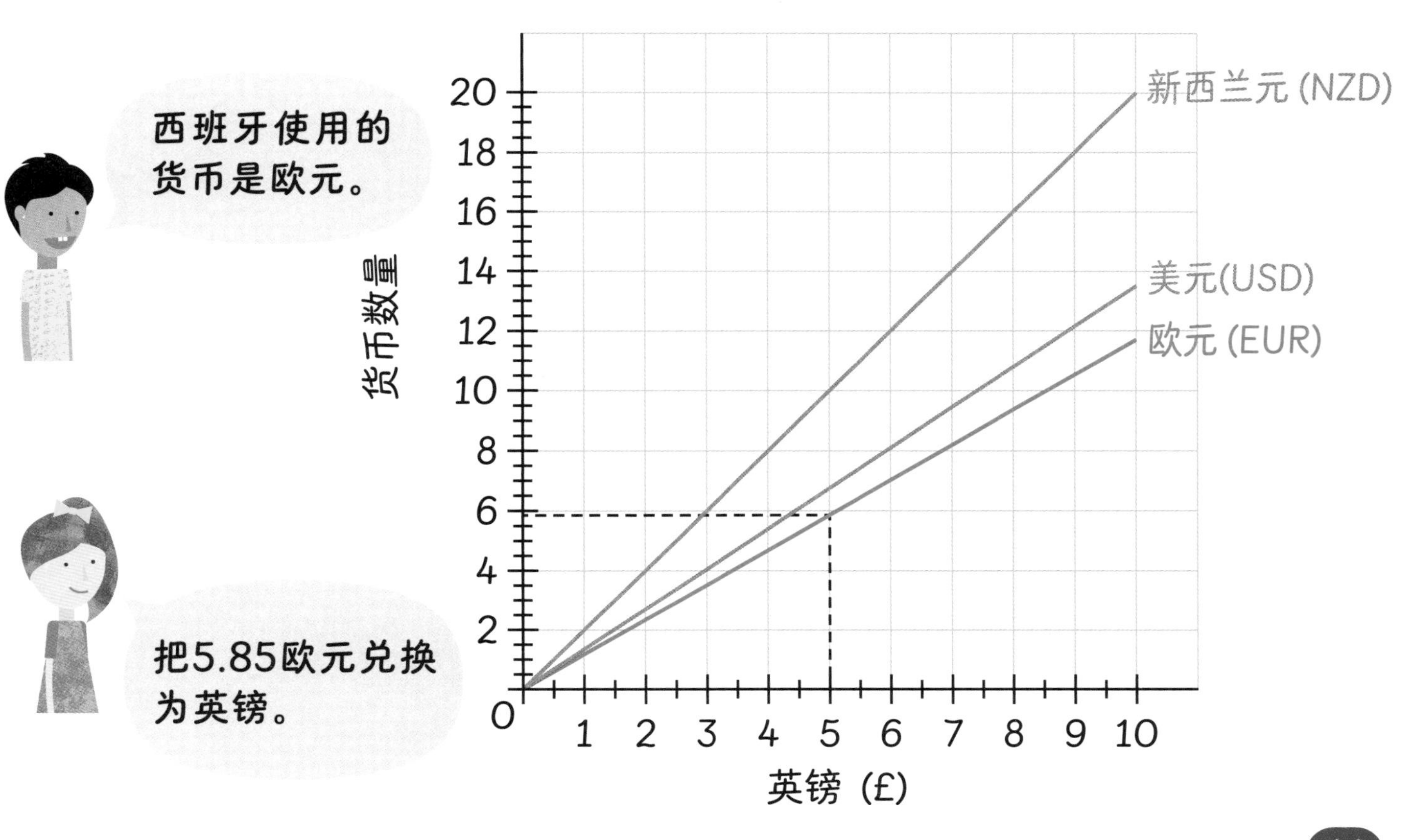

5.85欧元约为5.00英镑。

5.85欧元 ≈ 5.00英镑
西班牙的票价约为5.00英镑。

把6.50美元兑换为英镑。

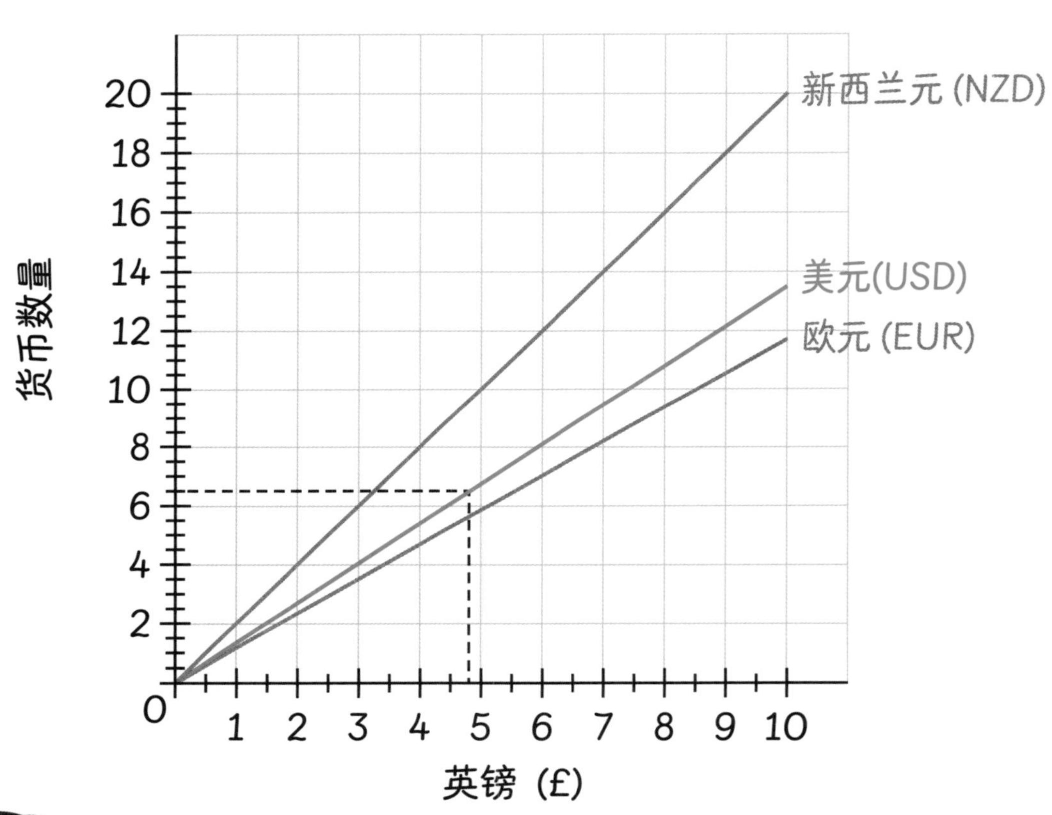

6.50美元约为4.80英镑。

6.50美元 ≈ 4.80英镑
美国的票价约为4.80英镑。

练 习

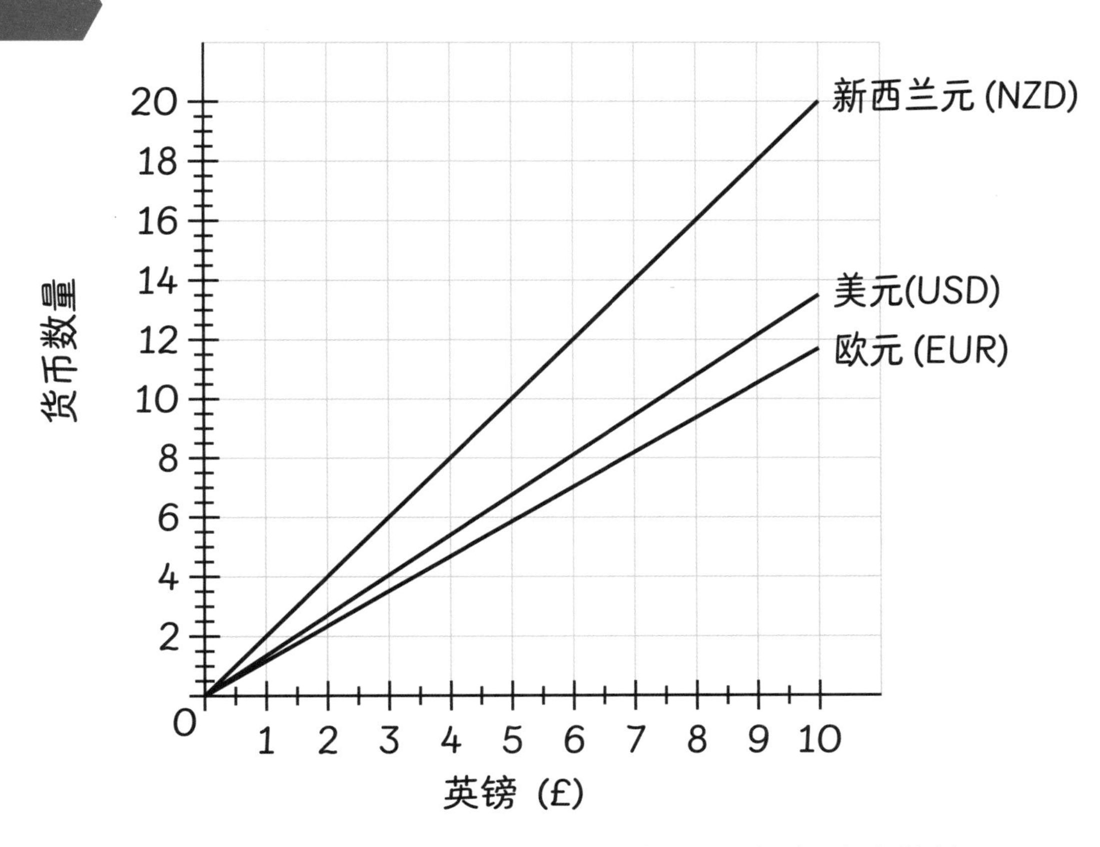

雅各布的妈妈收到了银行帐单，上面记录了她在各个国家支付的英镑。

算一算每项分别支付了多少钱，完成表格。

1

新西兰购物	支付英镑	支付新西兰元
炸鱼薯条	7.50	
钥匙圈	5.80	

2

西班牙购物	支付英镑	支付欧元
咖啡和蛋糕	4.20	
瓶装水	0.80	

3

美国购物	支付英镑	支付美元
3个墨西哥玉米卷	3.70	
电影票	6.95	

平均数

第19课

准备

工厂把迷你水果条进行包装。平均每袋有35个水果条，同时允许上下浮动3个。为保证包装袋里的水果条数量正确，进行随机检查。

包1	包2	包3	包4	包5	包6
32	34	34	37	?	?

包5和包6中水果条的数量相差3个。

包5和包6中分别有多少个迷你水果条?

举例

答案可能不止一种。

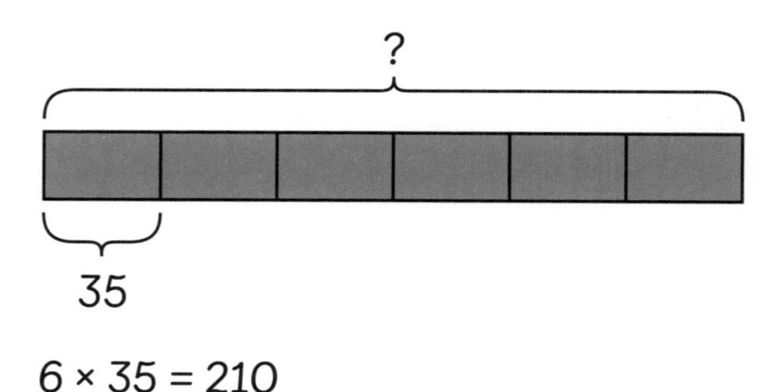

平均每袋有35个，6袋一定共有210个迷你水果条。

$6 \times 35 = 210$

如果我们知道6袋共有210个迷你水果条，并且知道其中4袋的水果条数量，就能求出差值。

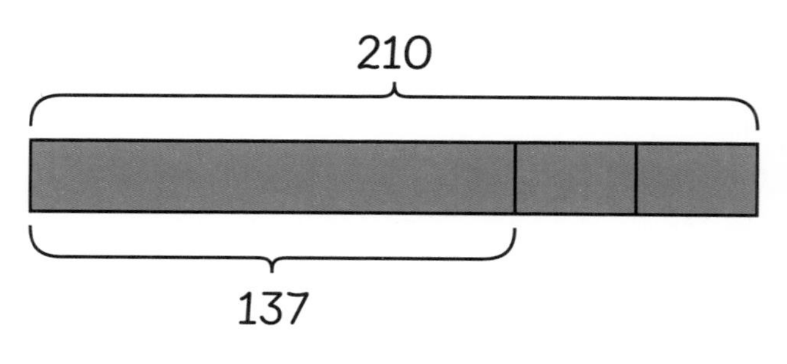

$210 - 137 = 73$

包5和包6中共有73个迷你水果条。

包1	包2	总数	差值
38	35	73	3
37	36	73	1
36	37	73	1
35	38	73	3

包5有38个迷你水果条时，包6一定有35个迷你水果条。
包5有35个迷你水果条时，包6一定有38个迷你水果条。

练 习

1. 农场有八个羊圈，平均每个羊圈养了37只绵羊。前六个羊圈共有222只绵羊，第七个羊圈比第八个羊圈少12只绵羊。
第七和第八个羊圈中分别有多少只绵羊？

第七个羊圈中有 ______ 只绵羊。

第八个羊圈中有 ______ 只绵羊。

2. 霍莉想在10场比赛中获得185分的总分。在前八场比赛中，她平均每场的得分是17.5分。
霍莉需要在后两场比赛中共获得多少分才能达到总分185分？

霍莉需要在后两场比赛中共获得 ______ 分才能达到总分185分。

参考答案

第 5 页

图案序号	粉色正方形数量	绿色正方形数量
1	1	2
2	2	3
3	3	4
4	4	5
5	5	6
10	10	11
a	a	$a+1$

第 7 页

1

输入	7	9	13	35	81
输出	12	14	18	40	86

2

输入	3	5	10	12	300
输出	9	15	30	36	900

3

	输入	输出	输入	输出	输入	输出
(2)	4	12	6	18	w	$3w$
(3)	9	18	12	21	s	$s+9$

第 9 页

1

	输入	输出	输入	输出	输入	输出
(1)	10	5	16	8	a	$\frac{a}{2}$
(2)	5	20	7	28	a	$4a$

2

图案序号	牙签数量
n	$2n+1$
1	$2 \times 1 + 1 = 3$
2	$2 \times 2 + 1 = 5$
5	$2 \times 5 + 1 = 11$

第 11 页 1 **(1)** $C = 3 \times 3.20 - 0.40 = 9.60 - 0.40 = 9.20$. 3份芝士三明治共需要支付9.20英镑。
(2) $m = 2.70$; $C = 3 \times 2.70 = 8.10 - 0.40 = 7.70$. 3份热狗共需要支付7.70英镑。2 **(1)** $P = 4$ **(2)** $P = 4.75$

第 13 页 1 **(1)** $y = 15$ **(2)** $y = 18$ **2** **(1)** $s = 14$ **(2)** $s = 9$ **(3)** $s = 12$ **(4)** $s = 8$ **(5)** $s = 5$

第 16 页

1

正方形	对角顶点坐标	
A	(3, 1) 和 (4, 2)	(4, 1) 和 (3, 2)
B	(2, 3) 和 (6, 7)	(6, 3) 和 (2, 7)
C	(7, 7) 和 (9, 9)	(9, 7) 和 (7, 9)

第 17 页　2 (1) $L=(x+2, y+2)$, $M=(x, y+2)$ (2) $C=(x+3, y+4)$, $D=(x, y+4)$

第 19 页　1

点	关于x轴对称之前的坐标	关于x轴对称之后的坐标
Q	(1, 2)	(1, −2)
R	(3, 1)	(3, −1)
S	(3, 4)	(3, −4)
T	(1, 5)	(1, −5)
	(x, y)	$(x, -y)$

2

点	平移之前的坐标	平移之后的坐标
A	(1, 2)	(3, −2)
B	(3, 1)	(5, −3)
C	(3, 4)	(5, 0)
D	(1, 5)	(3, 1)
	(x, y)	$(x+2, y-4)$

第 21 页　1

数	因数	质数或合数
10	1, 2, 5, 10	合数
25	1, 5, 25	合数
31	1, 31	质数
43	1, 43	质数
54	1, 2, 3, 6, 9, 18, 27, 54	合数
53	1, 53	质数

2 答案不唯一。举例：23 + 23 = 46, 43 + 3 = 46, 29 + 17 = 46

第 23 页　1 (1)汉娜买九件商品，最多找零9.40英镑。(2)汉娜买九件商品，最少找零7.40英镑。2 餐厅还剩12.97千克马铃薯。

第 25 页　1 艾略特拿了整个蛋糕的$\frac{9}{50}$。2 艾玛做饭用了整袋大米的$\frac{1}{3}$。

第 27 页　1 $\frac{6}{7} \div 8 = \frac{1}{8} \times \frac{6}{7} = \frac{6}{56} = \frac{3}{28}$ 每根线长$\frac{3}{28}$米。　2 $\frac{8}{9} \div 12 = \frac{1}{12} \times \frac{8}{9} = \frac{8}{108} = \frac{2}{27}$ 每个小朋友分到$\frac{2}{27}$千克黄油。

3 $\frac{1}{2} + \frac{1}{4} + \frac{1}{6} = \frac{3}{4} + \frac{1}{6} = \frac{9}{12} + \frac{2}{12} = \frac{11}{12}$, $\frac{11}{12} \div 3 = \frac{1}{3} \times \frac{11}{12} = \frac{11}{36}$ 鲁比每杯倒了$\frac{11}{36}$升热带饮料。

第 29 页　1 洗车行用掉22.24升汽车清洗液。 2 做完7条地毯后，还剩38.47米红线。

第 31 页　1 园丁师傅在每排用了2.78升肥料。 2 每袋鹅卵石重4.86千克。

第 33 页　1 雅各布现在银行里还有126英镑。

2 礼物支付费用　27英镑　　条形表示两人各自花掉的钱和剩余的钱。

剩余零用钱　63英镑　　拉维零花钱的20%和汉娜零花钱的50%一共27英镑。

36英镑

要求出他们礼物支付费用和剩余零用钱各自的差值，我们要减去条形相同的部分，拉维还剩$\frac{6}{10}$。所以，我们知道$\frac{6}{10}$等于36。如果$\frac{6}{10}$等于36英镑，那么$\frac{1}{10}$等于6英镑。

拉维原来有60英镑。汉娜原来有30英镑。拉维买礼物支付了12英镑，汉娜买礼物支付了15英镑。买完礼物后，拉维还剩48英镑。汉娜还剩15英镑。

第 35 页　1 248 − 17 = 231, 231 ÷ 11 = 21, 1个单位 = 21. 21 × 5 = 105 (苹果树), 21 × 3 = 63 (梨树), 63 + 17 = 80.
果园里有80棵樱桃树。 2 8 − 5 = 3, 36 ÷ 3 = 12, 1个单位 = 12. 12 × 8 = 96 拉维有96英镑零用钱。

3 378 + 25 = 403, 403 ÷ 13 = 31, 1个单位 = 31. 31 × 7 = 217 (蓝色), 31 × 3 = 93 (红色), 93 − 25 = 68 (金色)
蓝色颜料217毫升，红色颜料93毫升，金色颜料68毫升

第 37 页　1 (1) 面积 = 24平方米 (2) 面积 = 63平方米 2 面积 = 22.2平方米

第 39 页　1 $\angle 3 = 60°$ 2 $\angle 4 = 70°$ 3 $\angle 5 = 48°$, $\angle 6 = 55°$

第 43 页

1

新西兰购物	支付英镑	支付新西兰元
炸鱼薯条	7.50	15.00
钥匙圈	5.80	11.60

2

西班牙购物	支付英镑	支付欧元
咖啡和蛋糕	4.20	4.90
瓶装水	0.80	0.90

3

美国购物	支付英镑	支付美元
3个墨西哥	3.70	5.00
玉米卷	6.95	9.40

第 45 页

1 第七个羊圈中有31只绵羊。第八个羊圈中有43只绵羊。

2 霍莉需要在后两场比赛中共获得45分才能达到总分185分。